DISCOURS

PRONONCÉ

DANS LA MAISON COMMUNE

DE NEUILLY-SUR-SEINE.

DISCOURS

PRONONCÉ

DANS LA MAISON COMMUNE

DE NEUILLY-SUR-SEINE,

CHEF-LIEU DE CANTON,

LE 21 JANVIER 1815,

PAR L. DELABORDÈRE.

A PARIS,

Chez DESENNE, Libraire de MONSIEUR, frère du Roi, rue du Chantre, N.° 26.

1815.

AVERTISSEMENT.

Ce Discours, qui se ressent beaucoup de la précipitation avec laquelle il a été composé, n'était pas destiné à l'impression ; les personnes qui l'ont entendu ont desiré qu'il fût imprimé, j'ai cédé à leur desir; il n'a d'autre mérite que celui de la circonstance et de la vérité. Lorsque le calme de la raison et de la réflexion aura succédé au tumulte des passions et à la diversité des opinions qui a long-temps divisé la société, mais qui ne peut plus la diviser sans danger, je présenterai quelques matériaux sur les grandes époques de la révolution dont j'ai été témoin, pour servir à l'histoire de la Nation, et sur-tout sur cette époque mémorable qui a été la source de tous les malheurs de la France.

Je présenterai ces deux grandes questions qui appartiennent à la philosophie, à la morale, au droit public des peuples civilisés, à l'opinion des publicistes, à la sûreté et à la perpétuité des Empires, et à la dignité de la Royauté :

1.° Louis XVI pouvait-il être coupable ?....

2.° Louis XVI devait-il être défendu ?...

DISCOURS

PRONONCÉ DANS LA MAISON COMMUNE DE NEUILLY, CHEF-LIEU DE CANTON, LE 21 JANVIER 1815.

MESSIEURS,

Nous allons assister à une triste et lugubre cérémonie ; elle va nous rappeler une des époques les plus sanglantes d'une révolution à laquelle se rattachent tous les malheurs que la France, que l'Europe et que l'humanité ont éprouvés ; elle va nous rappeler aussi les souvenirs cruels et douloureux qui doivent se perpétuer d'âge en âge, et dont les traces seront ineffaçables dans les cœurs vraiment français. C'est, Messieurs, de la mort horrible du *meilleur* des Souverains et de celle de la Reine, son auguste compagne ; c'est de leur mémoire et de leur supplice que les temples de la religion vont retentir aujourd'hui.

C'est au moment où je vous parle, Messieurs, que leurs cendres sacrées pieusement recueillies, que les restes vénérables de cette auguste famille sont transportés, avec cette solemnité funèbre, qui imprime le respect et la vénération, dans la demeure sombre et silencieuse destinée à recevoir les dépouilles mortelles de nos Rois.

Dans ce même moment où les princes échappés à l'échafaud que leur préparait la rage des désorganisateurs de l'ordre public, placés comme en dépôt par la Providence sur des terres hospitalières, et rappelés avec enthousiasme sur le trône de leurs pères, marchent tristement à la suite de ces funérailles, entourés de tous les signes de la douleur publique, et s'avancent vers ces lieux qu'ils vont purifier par leur présence et par l'abondance de leurs larmes; vers ces lieux, dont une profanation sacrilège avait dispersé avec l'audace de l'impunité les monumens de tant de siècles que l'histoire nous conservait avec de si précieux souvenirs.

C'est, Messieurs, pour expier le crime de quelques ambitieux que nous sommes rassemblés aujourd'hui, que les autels vont être couverts de deuil, et que nous allons demander au Dieu de toute miséricorde de pardonner cet horrible attentat. Déplorons, Messieurs, l'erreur qui l'a commis; nos cœurs l'ont désavoué depuis long-temps, ainsi que ces hommes qui s'étant emparés du pouvoir national, ont voulu associer la Nation à leur coupable ambition, et qui, après avoir violé et renversé toutes les lois, foulé aux pieds tous les sermens, toutes les considérations, ont osé s'ériger en juges de leur Souverain, lorsqu'ils savaient bien qu'ils ne pouvaient pas le juger... qu'il ne pouvait être ni accusé ni coupable... qu'il ne devait pas être défendu, par respect pour la royauté... et parce qu'ils avaient fait le serment solemnel de défendre l'inviolabilité de sa personne.

Messieurs, déplorons leur égarement; plaignons-les comme des insensés qui, croyant se faire un domaine de la royauté, et fonder sur ses ruines une sorte de liberté publique, sont tombés dans les excès de la licence la plus effrénée, se sont couverts de l'ignominie de tous les siècles, ont précipité la France dans tous les genres de calamités, et imprimé dans toutes vos familles un deuil éternel.

Plaignons-les; leur tourment a commencé à l'instant même où ils ont déposé dans l'urne fatale la condamnation de leur Souverain, et porté la main sur la victime.

Si le souvenir de ce crime, Messieurs, se mêle aujourd'hui à notre juste douleur, s'il souille les pages de l'histoire de la Nation, n'en confondons point avec les auteurs la masse des Français; ils ont gémi long-temps eux-mêmes dans l'oppression, et ils ont réprouvé avec indignation ce forfait inoui.

Imitons la clémence de la Providence, et celle du Prince que cette même Providence a rendu à nos vœux et à nos besoins; mêlons nos douleurs et nos regrets à ceux de cette auguste famille si long-temps elle-même le jouet des caprices de la fortune, et échappée à tous les complots, à tous les dangers, à tous les genres de proscriptions, et condamnée pendant long-temps à tous les sacrifices.

Abandonnons, Messieurs, les coupables à leurs remords... Le Roi voulant tout pardonner, il veut qu'on jette un voile sur ce cruel et sinistre évènement, sur un évènement qui retentira assez dans tous les siècles, et dont la honte et le repentir poursuivront sans cesse le cœur des coupables !.... Et puisqu'il appartient tout entier à l'histoire de la dégradation de l'ordre et de l'harmonie sociale et politique, et que sa commotion violente a retenti jusqu'aux extrémités de la terre, pour y ébranler par-tout les élémens du bonheur public......, ce sera, l'histoire, Messieurs, qui le présentera, pour leur instruction, à tous les peuples civilisés, pour leur faire contempler le corps sanglant de ce malheureux Prince étendu aux portes de son palais, sa tête jetée du haut de l'échafaud aux regards d'une populace ivre de fureur et de sang, et livrée à son avide férocité, pour servir de monument à tous les crimes qui préludaient les scènes de sang qui devaient s'opérer sur cette place publique où le nom de son aïeul, où le nom de Louis le Bien-Aimé parlait encore au souvenir et au cœur des vrais Français.... Eloignons-nous de cette scène sanglante, et pensons seulement au moment où ce pieux et vertueux Monarque, seul dans l'obscurité de son horrible prison, n'ayant pour témoin que Dieu et sa conscience! il médite dans un silence religieux du malheur qui vient le frapper, et dont il ne peut plus se dissimuler les suites cruelles; il médite sur la destinée que lui a préparée l'abus qu'on a fait de son extrême bonté. Il pleure sur les débris du trône, sans en regretter les délices; il s'appuie sur les ruines du bonheur qu'il préparait à la France, et sur la pureté de ses intentions.

Il voit avec regret s'éloigner la paix publique avec la gloire de la monarchie, et pénètre de loin le destin qui va fixer son sort.... Il se rappelle sans murmurer tous les actes de sa bienfaisance qui avaient signalé son avènement au trône, et auxquels la ville de Paris avait participé la première.... Il confond ses larmes avec le compte que la postérité rendra de ses actions publiques..... Il déplore les crimes et les erreurs de ce peuple pour lequel il a fait tant de sacrifices.... Tout s'éclipse devant lui.... Il n'aura bientôt plus en dépôt la félicité publique ; il ne sera plus le garant du bonheur de son peuple, ni le protecteur de ses droits..... On va rompre dans ses mains le serment de son sacre qu'il avait placé sur le cœur de tous les Français. Que lui reste-t-il dans cette solitude affreuse où le livre le trouble de sa position? Où cherchera-t-il des consolations qui le dédommagent des injustices et de la barbare cruauté qui vient assiéger une vie qu'il avait consacrée au bonheur des Français ? L'espérance n'est plus un bien qui le regarde.... Il ne voit autour de lui que des ruines et des tombeaux ouverts avec la dissolution de l'ordre social et politique ; partout il aperçoit les plaies profondes qui vont dévorer l'Etat en le livrant à toutes les calamités de la guerre sociale, au mépris et à l'inconsidération des relations politiques.

Il se rappelle, sans regret, tous les monumens qui depuis son règne avaient marqué par lui la grandeur et les ressources nationales...... Il parcourt le tableau de la félicité publique, qui était devenue, depuis son avènement au trône, l'espérance de la Nation, et le sentiment dont son ame avait été sans cesse occupée ; il ne peut séparer de sa pensée le contraste déchirant de sa position avec les bénédictions et les vœux qui accompagnèrent ses pas lorsqu'il parcourut une portion de son royaume et vit par lui-même cette barrière imposante qu'il avait ordonnée, et que le génie avait élevée au milieu des eaux de la mer, pour devenir un rempart formidable contre les aggressions étrangères (1).

Oh! combien avec justice il pouvait s'appliquer le langage de la sagesse adressé à un bon Prince :

« Par-tout en ce moment on me bénit, on m'aime.
» On ne voit point le peuple à mon nom s'alarmer;
» Le ciel dans tous leurs pleurs ne m'entend point nommer;
» Leur sombre inimitié ne fuit point mon visage;
» Je vois voler par-tout les cœurs à mon passage. »

Poursuivant tout ce qu'il avait fait pour la Nation, combien de villes florissantes que le commerce enrichissait des dépouilles de l'univers, étaient l'objet de son attention particulière, et le proclamaient le père de la patrie?... Dans plusieurs provinces, combien de canaux utiles creusés par ses ordres pour joindre les deux mers?... Les mers affranchies par ses armes, et ouvertes à l'industrie de toutes les Nations...... Une République naissante ayant placé sa statue

(1) Cherbourg.

sur le trône de la liberté qu'il avait aidé à conquérir. Près de nous, une Nation rivale de tous les temps, rendant un hommage éclatant au caractère de ses résolutions et à la sagesse de son Gouvernement.

Enfin, Messieurs, tout en montant sur le trône, n'avait-il pas annoncé la pureté de ses intentions et de tous les actes de son pouvoir; pour faire cesser le scandale de toutes les dissentions politiques? Ainsi l'antique magistrature exilée du sanctuaire de la justice, sous le règne de son aïeul, fut rendue à des fonctions que réprouvait depuis long-temps l'intégrité de la puissance royale.

La Nation en corps politique fut rappelée aux anciennes institutions qui devaient établir la vraie liberté..... L'anéantissement des lettres de cachet, la suppression de la question et celle des corvées, l'état-civil rendu aux protestans, et l'abolition, qu'il prononça le premier, du servage dans toute l'étendue de ses domaines.

Les manufactures nationales se ranimant partout; les arts se réveillant à sa voix.

Ces arts de bonnes mœurs dont il donnait l'exemple.... Le commerce intérieur prenant par tout plus d'aliment et de vie; les lois plus de consistance et de lumières; les funestes conquêtes du luxe trouvant dans ses mœurs simples les maximes sévères de son cœur.

La marine rétablie dans son plus haut degré de gloire; et après avoir obtenu pour prix de tant d'efforts et de tant de sacrifices, tous les genres d'industrie et de prospérité, il avait fait des traités utiles avec toutes les puissances policées, par la considération qui s'attachait tous les jours à l'espérance de la Nation.

Eh! qui pourrait oublier ces monumens précieux de ses lumières ?... Sa correspondance avec ses ministres, tracée par la main de la sagesse et de la réflexion, et ce plan, résultat de tant de recherches, confié à l'intelligence du nouvel Anson (1), pour parcourir des mers inconnues, pour faciliter au commerce des passages moins longs et moins dangereux.

Enfin, Messieurs, des secours accordés successivement à la classe indigente, et qu'il était toujours prêt à verser avec abondance dans les calamités publiques.

La ville de Paris embellie, et des travaux préparés pour rendre son air plus salubre; partout des encouragemens donnés aux savans et dirigés pour l'utilité publique, comme un levier qui fait mouvoir toutes les passions et fait taire

(1) La Peyrouse.

tous les desirs..... Tous les citoyens indistinctement appelés à remplir tous les emplois; la convocation enfin des états-généraux dans une forme qu'aucun de ses prédécesseurs n'aurait adoptée, et qui a été, par cette condescendance dont les premiers factieux ont abusée, en plaçant les premiers jalons sur la route de l'anarchie, devenant ainsi la honte de la société et le fléau de leur patrie, et la source de tous les malheurs publics qui ont dévoré la France, puisqu'ils dressaient ainsi de loin l'échafaud où ce prince devait incessamment porter sa tête.

J'ai dû, Messieurs, vous présenter ce tableau que les circonstances de cette journée mémorable rappellent aujourd'hui dans le cœur de tous les Français. Eh ! qu'auraient fait de plus pour Rome Marc-Aurèle et Titus?... Et ce Germanicus dont le nom est si célèbre dans l'antiquité? C'est, Messieurs, sur ces dernières et consolantes pensées qu'il appuyait ses méditations profondes sur les vicissitudes humaines attachées même aux princes les plus vertueux.

C'est au moment où ce malheureux prince, victime de sa confiante sécurité, victime de son amour pour son peuple, victime de l'horreur qu'il avait de tous les sacrifices qui devaient coûter du sang à l'humanité......, vit approcher le terme de tant de douleurs à-la-fois, le néant de toutes les illusions, et l'irrévocable arrêt qui allait le frapper impitoyablement. Il justifia, Messieurs, la grandeur et la sublimité de sa résignation..... La destinée où il était poussé le trouva tout détaché des liens qui l'attachaient à la terre et de toutes les affections dont son cœur avait un si grand besoin. Il s'est montré digne de l'immortalité où ses vertus l'avaient devancé, et et sa résignation sublime justifia qu'il n'appartenait plus aux hommes.

Il prouva, Messieurs, par ce testament, monument immortel de sagesse, de clémence et de résignation, le calme d'une conscience pure, les sentimens sublimes de l'homme le plus vertueux aux prises avec toutes les humiliations, et qui devait s'offrir en sacrifice pour appaiser toutes les haines, et arrêter par sa mort le débordement de toutes les passions déchaînées contre lui.

Il montra, Messieurs, par ce calme divin, combien peu l'appareil, et les approches de la mort, et l'ignominie qui allait consommer son auguste sacrifice, étaientloin d'effrayer l'ame du juste; il a été plus grand que le crime de ses bourreaux : leur conscience, en prononçant son supplice, a dû être effrayée du calme que leur a offert celle de leur victime..... Il a vu, sans pâlir, le glaive se détacher pour trancher la plus innocente vie, et aucun murmure, aucune plainte, aucun reproche n'est sorti de sa bouche.... ; il a livré sa tête sacrée... les bourreaux eux-mêmes ont frémi d'être les instrumens d'un tel attentat.

Ses dernières pensées se sont élevées vers Dieu ; le ciel s'est ouvert devant lui ; son dernier regard s'est porté avec attendrissement sur sa malheureuse famille, sur une épouse désolée, sur des enfans attendris, sur une sœur qui était devenue pour lui une seconde Providence, dignes objets d'une tendresse si justement méritée, enfermés sous les mêmes verroux, et destinés tous au même supplice.

Et c'est avec pitié, c'est en le plaignant qu'il a laissé tomber quelques souvenirs et quelques regrets sur ce même peuple toujours ingrat, et destiné toujours à être tour-à-tour instrument et victime de tous les complots.

Vous faites périr un innocent, je vous pardonne (1) ; telles furent les dernières paroles qui sortirent de la bouche de cet infortuné monarque. Nous les avons recueillies avec ce respect religieux qui doit les transmettre, par votre organe, à vos enfans, et les graver profondément dans vos cœurs.

---

(1) Sous le fer des bourreaux, il pria pour la France, et pardonna le crime avant le repentir.

Nous ne pouvons point séparer, Messieurs, de nos regrets et de notre douleur la Reine sa malheureuse compagne. Si la Providence la fit survivre de quelques mois à sa mort, si elle l'avait destinée aux mêmes épreuves, aux mêmes revers et au même supplice, elle l'avait formée aussi, par ses vertus courageuses, dignes de l'immortalité, pour servir d'exemple à l'univers.

L'histoire, Messieurs, qui s'empare toujours de toutes les actions publiques des Princes, avait fixé ses regards sur elle depuis son association au trône de France. La plume de l'impartialité y tracera ses vertus domestiques, sa bienfaisance habituelle, sa bonté naturelle, les graces de son esprit, son affabilité constante jusqu'au sein même de son horrible prison; elle nommera les différentes époques de sa vie; elle fouillera dans ses actions les plus secrètes; elle repoussera loin d'elle tout ce que la calomnie (1) aurait publié d'injuste; elle respectera les liens qu'elle avait consacrés à l'amitié; c'est un temple que le burin de l'histoire ne se permettra jamais d'oser profaner.

Elle n'oubliera point les malheurs et les disgrâces qui avaient succédé au règne le plus brillant

(1) *Voyez* la note importante à la fin.

de la cour la plus prospère; elle comptera pour beaucoup les dangers qui planèrent sur cette tête dans cette nuit désastreuse où les poignards levés sur elle, ensanglantèrent les marches du trône, à Versailles, du sang de ses gardes; et lorsqu'après avoir été poursuivie elle-même dans ses appartemens, par la fureur de ces cannibales, leurs hurlemens l'appellent aux fenêtres...... Que voit-elle, Messieurs? elle voit pour étendard de la victoire et du crime, les têtes encore sanglantes des gardes qui avaient défendu l'entrée de ses appartemens, élevées sur des piques...... Elle se présente, tenant ses enfans dans ses bras, et on ose exiger d'elle qu'elle paraisse seule, qu'elle subisse le joug des assassins qui régnaient audacieusement dans l'enceinte du palais.

Elle le fait, avec la fermeté et le courage qui convenaient à la fille de Marie-Thérèse, de cette princesse qui avait passé par toutes les épreuves des vicissitudes humaines, et qui lui avait transmis le grand caractère qui devait résister aux plus grands revers, et lutter contre toutes les infortunes.

La rage des assassins contemple cette Reine infortunée, seule au milieu d'une foule enivrée de succès et d'impunité, livrée à la merci des poignards qui la menacent de toutes parts.

Un silence inattendu succède au mouvement tumultueux qui imprime par-tout la terreur et la mort.... On eût dit qu'une main divine repoussait loin de cette tête sacrée la hache des bourreaux.

La vengeance et la fureur firent place à l'admiration qu'elle imprimait, et elle vit tomber à ses pieds les poignards levés pour la frapper.

Et lorsque sollicitée de rendre compte de cet évènement, qui était le prélude de tous ceux dont nous avons été les témoins et elle la victime, Elle répondit qu'elle *avait tout vu, tout entendu et tout oublié*. Est-il, Messieurs, rien de plus religieux et de plus sublime à-la-fois? Je m'arrête au récit de ce mémorable évènement qui préluda aux tourmens et aux supplices dont son cœur fut dévoré dans le cours de cette longue invasion qui fit triompher le crime en la dévouant à tous les genres d'humiliations.

Je n'anticiperai pas, Messieurs, sur les détails que l'histoire transmettra à la postérité. Ils s'agrandiront et se multiplieront pour suivre le degré de fureur de ceux qui ont pendant trop long-temps gouverné la France.... Je termine ce pénible tableau par un seul trait de cruauté qui fut le complément de ceux que la Reine avait éprouvés dans les différentes prisons où elle fut transférée, et qui la faisaient toucher au terme de sa douloureuse carrière.... Conduite à minuit de la prison du Temple à celle de la Conciergerie, le concierge fit demander à ces comités qui présidaient et ordonnaient toutes les exécutions, où il fallait placer la nouvelle *victime*. Voici, Messieurs, la réponse qu'on lui fit :

Dans le cachot le plus infect, des bottes de paille pour lit. C'est tout ce qu'il lui faut (1). »

Je vous les rappelle, Messieurs, ces excès de la plus barbare cruauté pour que vous en fassiez l'objet de vos entretiens au milieu de vos familles, et que vous vous pénétriez vous-mêmes de tous les sentimens d'indignation qu'ils inspirent.

Vous savez, Messieurs, comment se terminèrent les infortunes et les longues souffrances de la Reine : l'échafaud fut aussi son dernier asyle.

Je ne puis me défendre, Messieurs, d'arrêter un instant encore votre attention sur la cruelle destinée de *Madame Elisabeth* de France, sœur du plus infortuné Monarque..... En vous parlant de cette Princesse, c'est vous entre-

(1) 5 août 1793; Histoire de Marie-Antoinette, page 160.

tenir du modèle le plus touchant de la vertu avec tous ses charmes.

Elle possédait cet heureux caractère qui est le premier élément du bonheur. Une douce et tendre sensibilité était peinte dans tous ses regards et animait toutes ses actions. Jamais la calomnie ne put l'atteindre ni obscurcir cette fleur de réputation et d'innocence qu'elle s'était conservée au milieu des tempêtes de l'immoralité et des prestiges de la séduction qui environnent souvent les enfans des Rois... Jamais, Messieurs, on ne put lui reprocher ni une inconséquence ni une légèreté. Ses exemples prêchaient toujours la vertu en la faisant aimer. Elle inspirait une telle vénération, que le peuple de Paris l'appelait la Sainte Geneviève du Château.

Combien de circonstances glorieuses pour son courage et pour sa tendresse envers sa famille, n'aurais-je pas à présenter aujourd'hui à votre souvenir, depuis que l'infortune avait succédé à toutes ses prospérités ! Quel éloge n'aurais-je pas à faire de sa piété et de sa bienfaisance !

Oui, Messieurs, sa seule ambition était de rendre son crédit utile à l'indigence et au malheur..... sa seule inquiétude de ne pouvoir dérober le secret de sa vie à l'admiration publique.

Eh bien ! Messieurs, elle n'en but pas moins jusqu'à la lie le calice de la douleur ; elle n'en passa pas moins aussi par toutes les épreuves et par le rafinement de toutes les cruautés..... Et lorsque tout commandait des égards, et que tout devait protéger des jours aussi pleins de bonnes actions, des jours aussi sereins pour une ame aussi pure que la sienne, qui n'avait jamais attaché son bonheur aux prérogatives de son rang... elle fut citée à son tour au tribunal de sang, et elle ne craignit pas d'y répondre avec ce calme et cette noble fierté de l'innocence..... *Je suis fille, sœur et tante de votre Roi.....* Quel fut son sort, Messieurs, et quels regrets ne devons-nous pas donner à ses cendres ? La hache trancha *cette tête adorable*, un bourreau porta aussi la main sur cet objet céleste, et l'échafaud fut sa tombe...

Que vous dirai-je, Messieurs, de ce jeune Prince, l'héritier de tant de Rois, et destiné à monter sur le trône de ses pères ? A peine parvenu à la dixième année de son âge, enfermé avec son père dans cette horrible tour où ses jours se précipitaient avec les siens, il devait y trouver aussi, pour combler la mesure de tous les crimes tracés par la politique barbare des factieux qui s'étaient emparés du pouvoir de gouverner la France, il devait y trouver aussi le terme de ses larmes et de ses souffrances.

Quel spectacle, Messieurs, l'histoire présentera aux regards de la nation... La plume se brise et les cœurs français en repoussent le récit... Ce n'était pas assez que son malheureux père eût porté la tête sur l'échafaud ; il fallait exterminer jusqu'au rejeton qui pouvait en réveiller le souvenir ou faire naître quelqu'inquiétude. Tout était préparé pour consommer le crime.... Des satellites cruels veillaient autour de lui; la victime ne pouvait échapper... La commune de Paris y avait placé des hommes déterminés à exécuter toutes les cruautés, et ce conseil était présidé par ces mêmes hommes qui avaient fait ensanglanter les prisons de la capitale de tant de victimes innocentes, et fait dresser l'échafaud sur toutes les places publiques.

Les jours du jeune Prince étaient marqués ; ils touchaient à leur fin.

L'infâme geolier chargé de terminer sans éclat sa cruelle et trop longue destinée, l'accablait d'insultes, d'outrages et de mauvais traitemens. Son inaltérable douceur désarmait quelquefois la férocité de ce bourreau. Sa vie se prolongeait au-delà de son terme..... Et cependant le Prince se courbait tous les jours vers son tombeau.

Ses nerfs étaient dans un tressaillement continuel. Il était sans cesse accablé par la crainte, par les menaces et par la terreur qu'on imprimait sur lui..... Sa nature, entièrement changée, ne conservait aucune trace de son éducation. Enfin un jour, plus maltraité qu'à l'ordinaire, l'infâme geolier lui demanda ce qu'il ferait de lui, si, par un évènement extraordinaire il montait sur le trône..... La victime lui répondit : *Je ferais comme mon Père, je vous pardonnerais.*

Quel langage, Messieurs ! C'est le langage d'un Dieu par la bouche de l'innocence, pour faire honte à l'humanité. Le malheureux Prince a terminé sa carrière dans les tourmens de la consomption. J'ignore où ses cendres reposent... Qu'elles seroient précieuses à recueillir !!!

Et vous, Princesse (1), vous le modèle de toutes les vertus, vous qui, quoique jeune encore, ne craignîtes point de les exercer avec un courage inébranlable, et au-dessus même de votre âge, au milieu de ces hommes le rebut et l'opprobre de la nature, et les dignes exécuteurs des cruautés commandées par ceux-là même qui s'étaient emparés du pouvoir, ... vous, sans guide que votre cœur, et sans consolation

(1) S. A. R. Madame la Duchesse d'Angoulême

que l'espérance, vous ne vécûtes dans cette tour obscure que de larmes et de douleur, vous destinée à voir disparaître un à un les auteurs de vos jours et les autres membres de votre illustre famille, et à survivre à leur supplice ;...... vous l'exemple de cette piété filiale qui rend si recommandable aux yeux de la nature et de la religion ; vous, réservée pour venir consoler les Français de tous leurs sacrifices et pour pleurer avec eux sur les cendres de vos pères..... Vous les touchez de la *main, Princesse, ces cendres immortelles qui vont recevoir aujourd'hui un culte national.....* Si de longues souffrances vous ont donné l'expérience de la cruauté coupable des factieux qui s'étaient placés à la tête du Gouvernement, combien les transports de joie que la Nation entière a fait éclater par-tout, lorsque votre présence est venue nous retracer l'image des victimes que nous pleurons..... ont en quelque sorte suspendu les accens de la longue douleur dont votre ame a été sans cesse accablée, et dédommagé votre sensibilité si long-temps mise à l'épreuve.

La Providence vous avait destinée à cette jouissance, et devenue le témoin de ce spectacle inattendu qui a *trompé le crime dans sa confiante sécurité.....* elle vous a placé, Princesse, sur les marches du trône, pour voir de plus près l'éclat des vertus dont il est orné, et devenir pour les malheureux l'ange tutélaire qui les protégera dans leur infortune.

Pénétrons-nous, Messieurs, de tous ces sentimens réunis; et en nous reportant par la pensée, pour notre instruction, à tous les ravages que l'anarchie a causés parmi nous pendant ces jours de trouble et de confusion générale....., rappelons-nous que la terreur de la liberté a été couverte de prisons, que la terreur planait sur toutes les têtes, que le deuil était dans toutes les familles, le désespoir dans toutes les ames, la consternation dans toutes les cités, et qu'une barrière d'airain semblait avoir séparé la France du reste de la terre pour éviter la contagion de ses principes subversifs de toutes nos sages institutions... N'oublions pas, sur-tout, que la main de la dépravation avait ouvert la porte à toutes les passions.... que l'impiété arborait publiquement son étendard, et poussait à tous les genres de profanation.... que par-tout les sanctuaires étaient profanés.... les tombeaux des morts audacieusement violés.... leurs cendres dispersées avec impunité.... que par-tout le temple de la religion était travesti en arênes scandaleuses où se dressaient les tables des plus effrayantes proscriptions.... où se préparaient les élémens de tous les crimes.... le ferment de toutes les haines.... que par-tout, enfin, les pratiques religieuses étaient l'acte d'accusation de la piété et de la vertu.... Tel a été, Messieurs, l'état de notre patrie depuis que le sang du juste était retombé sur elle..... Voilà, Messieurs, ce dont nous avons été les témoins pendant le règne de plusieurs Gouvernemens qui se sont rapidement succédés, et qui se sont aussi rapidement détruits les uns par les autres.... Tous ont été marqués par des cruautés nouvelles; et tous, en augmentant les malheurs et les misères de la Nation, ont laissé dans vos familles des traces ineffaçables du pouvoir le plus absolu et le plus désordonné...... Aussi, Messieurs, vous vous pénétrerez facilement de cette vérité, qu'un pouvoir usurpé ne peut avoir une longue durée; que les usurpateurs passent comme ces météores qui, n'étant destinés qu'à ravager la terre, ne laissent jamais après eux, ainsi que vous l'avez éprouvé, que des souvenirs cruels et douloureux. Ne reportons point nos regards, Messieurs, sur ces effrayans tableaux; tout vous assure qu'ils ne se renouvelleront *plus*; une ère nouvelle s'ouvre devant nous; elle fera une époque mémorable dans les archives des évènemens politiques qui ont occupé l'univers. Quel spectacle, Messieurs, nous réservait cette même Providence qui veillait encore sur la destinée de la France.... Nous avons vu la dispersion des restes de cette famille auguste, errante de nation en nation, reléguée sur des terres étrangères, pour y chercher un asyle hospitalier, fuyant une patrie inondée de sang; vous les voyez aujourd'hui, Messieurs, ces descendans de Charlemagne et de Saint-Louis, ces héritiers des vertus et de la bonté de Henri IV, dont le nom sera toujours cher au cœur français, naguère proscrits de leur patrie, poursuivis par cet arrêt de mort que le crime avait prononcé, rappelés par votre amour, et replacés avec enthousiasme sur le trône de leurs pères.

C'est, Messieurs, vers ce trône, le seul qui puisse avoir désormais de la stabilité parmi nous; c'est vers ce Prince si ardemment désiré, auxquels vous avez prêté dans mes mains un serment de fidélité à toute épreuve, destiné à réparer les maux de la patrie, à rétablir la morale dans ses véritables maximes, à rappeler la religion à la solemnité de son culte, et à préparer à l'éducation publique le véritable enseignement qui rend les hommes vertueux et bons, sans lequel la société ne peut être durable; c'est vers ce Prince qui a déja séché les larmes de la tendresse maternelle, en faisant disparaître de nos institutions les lois cruelles et barbares (1) qui ont tourmenté pendant trop long-temps la destinée de vos enfans, que nos vœux, que nos pensées et nos affections doivent se porter. Et en nous rappelant cette série de malheurs accumulés que nous avons éprouvés, marchons au temple avec ce recueillement qui appartient à la véritable douleur; et n'oublions jamais que le bonheur des peuples est attaché à leur amour pour leur souverain légitime, et à leur respect pour les lois.

L. DELABORDÈRE.

---

(1) La conscription.

NOTE IMPORTANTE.

Un journaliste du temps, M. F...., dans le Mémorial, N.° 24, page 8 (1), se permit sur le compte de la Reine une opinion aussi injuste qu'elle était inconvenante et gratuite : alors personne ne pouvait prendre publiquement sa défense ; elle n'eût été accueillie dans aucun Journal.

Cependant c'était bien assez qu'elle eût été accablée de tout le poids de la plus barbare cruauté, qu'elle eût partagé les tourmens et le supplice du plus infortuné Monarque, pour que le journaliste dût respecter jusques à l'abus qu'on aurait pu faire des dispositions généreuses de son cœur.

L'histoire doit la venger des insultes faites à sa mémoire, et l'écrivain qui s'est fait remarquer depuis, d'une manière si publique, et qui s'est ainsi égaré, doit sans doute montrer du regret aujourd'hui d'avoir écrit : « *Certes, la Reine avait commis des fautes graves ;* » *mais assez de malheurs et d'outrages ne se sont-ils* » *pas assez accumulés sur sa tête, pour que la pitié* » *protège au moins son tombeau?* » Des fautes graves ! que la pitié protège au moins son tombeau ! quel sentiment a-t-il voulu inspirer ? Celui de la pitié. Nous re-

(1) Préface de l'histoire de Marie-Antoinette, pag. 13.

poussons ce langage.... il outrage la cendre, la mémoire et le tombeau de celle qui renferma tant de qualités précieuses du cœur et de l'esprit.... Ce langage ajoute à l'ignominie de son supplice.... Il déshonore un Français qui a osé se permettre de juger ainsi la Reine de France, traduite devant ce tribunal de sang, qui ne put recueillir contre elle la preuve d'aucun des griefs portés dans cet acte d'accusation, combiné par la plus perfide et la plus atroce cruauté, dressé par la main de ces scélérats qui avaient fait le vœu impie de la trouver coupable, et de la flétrir aux yeux de la Nation, de l'Europe, et même de la *nature.....*

Mais M. F..... a dressé réellement un acte d'accusation qu'il entoure d'un sentiment bien peu digne du rang que la Reine occupait.... Ce n'est point une opinion qu'il a émise, c'est un jugement qu'il a porté en affirmant que la Reine avait commis *au moins des fautes graves......* Ce juge et le jugement sont réprouvés par la justice et par la vérité.

L'histoire doit venger ces abus de l'esprit, ces faux calculs de l'ambition, et des circonstances qui ont si souvent égaré l'opinion publique; *et si, tout faiseur de journal doit tribut au malin,* la Reine de France dont la tête était tombée sur l'échafaud par la main du bourreau, ne devait, dans aucun temps servir de pâture à la malignité, ni alimenter la crédulité de l'ignorance de ceux qui, se trouvant placés, ainsi que le journaliste, à une distance trop grande de la cour de nos Rois, et des actions de cette Souveraine ne devaient point égarer l'opinion publique, lorsque tout commandait le souvenir du respect; et lorsque sa mémoire, ses cendres et son tombeau ne devaient être entourés que de deuil, et arrosés des larmes d'un regret éternel.

Mais tel est le résultat de l'ambition dans la plupart des hommes, du jeu des passions et de la manie de la célébrité, que celui qui s'y livre inconsidérément n'ayant pour guide ni les calculs de la prévoyance, ni ceux de la raison et de la réflexion, marche souvent à travers les écueils qu'il a choisis, dans une confiante sécurité, parcourt hardiment toutes les routes, se prête à tous les temps, à toutes les circonstances, adopte toutes les maximes, en professe publiquement le culte, brûle indistinctement de l'encens sur tous les autels; et lorsque ces mêmes *autels* s'écroulent, qu'ils sont renversés et qu'il s'y trouve enseveli, ce qui arrive nécessairement, l'expérience le prouve..... *il n'est ni plaint, ni regretté.*

Que M. F....., puisqu'il s'était fait un patrimoine de sa plume et de son talent de peindre agréablement les objets, puisqu'il s'était volontairement imposé la tâche d'entretenir le public de la conduite de la Reine, de fouiller dans ses actions publiques et secrètes, alors que son journal pouvait occuper l'esprit de ses abonnés d'un sentiment moins pénible et moins douloureux pour la Nation, se fût seulement rappelé que lorsque la Reine fût transférée à minuit du Temple à la Conciergerie, le concierge fit demander à ces Comités qui commandaient toutes les exécutions, qui déshonoraient toutes les institutions, où il fallait la placer, et

qu'il lui fut répondu : « *Dans le cachot le plus infect ;*
» *quelques bottes de paille pour lit ; c'est tout ce qu'il*
» *lui fallait*, » M. F.... aurait vu que la Reine inspirait un autre sentiment que celui de la *pitié*. Les cœurs français se le rappellent aujourd'hui en frémissant d'indignation et d'horreur. Qu'il eût dit, quoique fort indiscrètement encore, que la Reine avait commis des fautes légères qui appartenaient plus à sa jeunesse et à l'abus qu'on aurait fait de sa généreuse bonté, qu'à son cœur..., cette opinion, dans le rappel qu'il en pourrait faire, dans un moment où le deuil est universel dans le cœur de tous les bons Français, et où les hommes et les choses se placent à leur rang dans la société ; aujourd'hui que le calme des passions, que les sentimens nobles et généreux qui ont toujours caractérisé la Nation française, succèdent à ce délire qui a fait tant de coupables, ne deviendraient point pour M. F.... le sujet d'une bien juste et bien triste réflexion sur les vicissitudes humaines, et sur le jeu de la fortune qui élève et abat inopinément.

Il voit, au surplus, que le temps des usurpations est fini, et que celui des restitutions est enfin arrivé.

Fortuna sævo læta negotio, et ludum insolentem ludere pertinax transmutat incertos honores.

Ce 25 juillet 1815.

ELOIGNÉ du théâtre des grands évènemens qui nous ont occupés, vous désiriez connaître quelle était notre position.

Nous jouissions du calme et du bonheur après de si longues et de si cruelles agitations; nous étions arrivés au terme où toutes les dissentions politiques devaient disparaître, et nous replacer au rang qui nous était assigné depuis tant de siècles, lorsque le crime et la rebellion se sont ligués de nouveau pour jeter parmi nous le flambeau de la discorde, et armer contre le Souverain les mêmes hommes qui avaient fait le serment solemnel de lui rester fidèles.

Que ne pouvons-nous effacer de nos annales cette dernière époque, où le crime triomphant est venu se replacer, sans obstacle, sur le trône que le meilleur et le plus clément des Rois embellissait par l'éclat de tant de vertus, et qu'il purifiait tous les jours des excès et de tous les abus de pouvoir qui l'avaient trop long-temps déhonoré!

Que ne pouvons-nous perdre le souvenir de cette nuit aussi triste que désastreuse pour nous, où le Prince voyant approcher des dangers inattendus, pour la dignité de son trône et pour la sûreté de sa personne et de celle de sa famille, calculant les suites de cette irruption rapide qui le menace de si près, et ne pouvant se confier qu'à un petit nombre d'amis fidèles et impuissans, prend la résolution de fuir sa capitale déjà menacée, et d'aller chercher un asyle hospitalier chez des peuples fidèles, et se confier aux nobles résolutions de ses généreux Alliés ! Une nouvelle révolution ouvrait encore en France une carrière sanglante à tous les désordres et à tous les abus de l'autorité ; un crêpe funèbre s'étendait sur la tête des meilleurs citoyens.

Les destinées des Français ont été un instant incertaines, le crime reprenait sa place ; son trône se fortifiait par l'opinion que ses affidés répandaient ; déjà ils s'emparaient de tous les pouvoirs, et bravaient indistinctement les cris de leur conscience et les anathêmes de la postérité : tout s'organisait pour en prolonger les horreurs, les chefs s'applaudissaient de leurs succès...... la France présentait une scène nouvelle où les rôles étaient déjà distribués. Les proscriptions commencent..... les persécutions sont à l'ordre du jour.... la violence des lois qui sont proclamées jette l'effroi dans toutes les ames; . . . . . un voile funèbre flotte par-tout . . . . . le cri de mort se fait entendre, ... les sicaires, à la solde des agitateurs, accourent de toute part : la force publique est mise chaque jour à leur disposition; les bannières du crime deviennent le phare qui éclaire rapidement depuis la capitale jusqu'aux extrémités de l'Etat . . . . . l'armée est en révolte ouverte contre son Souverain, elle étouffe la voix de l'honneur et le cri du serment; . . . . ses chefs l'ont bientôt ramenée. . . . . . toute entière et sans résistance à ce systême de perfidie; la trahison lui ouvre les routes sanglantes de tous les crimes et de tous les excès. Toutes les barrières sont aussitôt franchies.... et bientôt le deuil et la désolation seront les seules consolations qui resteront aux Français. . . . , Des idées nouvelles se succèdent rapidement, le malheureux Prince fuit son palais avec sa famille; quelques amis le suivent. . . .

Bonaparte reparaît comme un de ces météores malfaisans qui n'annoncent que des calamités à la terre; . . . . . son apparition subite accable de terreur, et déjà l'épouvante et tous les symptômes de la plus scandaleuse rebellion se montrent dans toutes les cités.... on se cherche.... on se fuit . . . la division s'établit dans toutes les sociétés et pénètre dans le sein de toutes les familles avec tous les fermens de la discorde .... toutes les convenances sont violées . . . . . le chaos s'ouvre . . . . . . les colonnes de la monarchie sont ébranlées . . . . . . les signes de la royauté sont renversés ; . . . . l'aigle à l'œil farouche reprend son vol rapide pour dévorer sa proie . . . . l'Europe s'alarme . . . . . les Souverains réunis en conseil calculent les suites funestes qui vont replonger tous les peuples dans les horreurs d'une guerre d'extermination contre le même homme qui s'est mis hors de toutes les lois des Nations, en rompant les conditions du pacte qu'il avait dressé lui-même.

L'Europe est en armes. Bonaparte va consommer de nouveau la ruine de la France, déjà épuisée par tant de guerres, par tant de revers éclatans qu'il semblait invoquer encore contre elle . . . . . son armée est excitée au combat . . . . . elle marche avec fureur . . . . . elle attaque, et dans l'espace de peu de jours une défaite éclatante, telle que l'histoire n'en présente pas de semblable, ouvre aux Alliés, sans obstacle et sans résistance, les portes de la capitale . . . . . Cet évènement est reçu comme un bienfait auquel s'attachent les acclamations publiques, et présagent à nos malheurs le terme tant désiré, et à l'humanité un avenir qui la dédommage de toutes les cruautés que les fureurs de la tyrannie font peser sur elle depuis notre asservissement. . . . . !

La Providence qui veille sur le sort des Empires, vient de fixer irrévocablement le repos des Français. Après avoir été long-temps battus par la tempête, le calme va succéder à tant d'agitations. . . . . Long-temps le jouet des caprices de la fortune et de la cruelle et déplorable ambition de cet homme proscrit par le vœu de toutes les Nations; . . . . de cet homme qui a sacrifié à plaisir l'espèce humaine pour en dévorer les sources, ainsi que les prospérités de la Nation, et qui, après avoir répandu le deuil et la désolation dans toutes les familles, fait dévaster toutes les propriétés, et n'avoir laissé parmi nous que des pleurs, des regrets et des traces ineffaçables de tous les désordres et de tous les malheurs dont l'humanité sera long-temps affligée, a cherché à établir encore parmi nous cette guerre sociale qui devait être le complément de tous ses crimes.

Mais l'Europe coalisée a terminé pour toujours cette lutte sanglante et ce scandale impolitique trop long-temps prolongé pour le repos des Nations.

Graces soient rendues à la générosité de ces

Souverains, qui ont abandonné pour un moment le soin de leurs propres Etats pour venir rendre au Souverain légitime de la France son Royaume, aux Français la paix et le bonheur qui s'étaient éloignés de leurs jouissances domestiques, cimenter les liens d'une alliance durable, et relever avec leurs mains triomphantes les ruines d'un Royaume agité depuis plus de vingt-cinq années par toutes les passions, devenue la proie successive de tous les partis, courbé sous le poids de toutes les humiliations que les gouvernemens qui se sont rapidement succédés lui ont fait éprouver et enfin, provoquer la punition justement méritée des auteurs de tant de forfaits.

L'histoire, comme je l'ai déjà dit, qui s'empare toujours de toutes les actions publiques des Princes, et les présente à la postérité pour servir d'exemple et de modèle, lui lègue aussi ce qu'elles ont de grand et d'utile pour en perpétuer le souvenir, en plaçant au premier rang ces hommes à qui sont confiés les destinées des Nations. L'histoire qui parle le langage sévère de la vérité pour l'instruction des Peuples et des Rois, les dégrade ou les immortalise s'ils ont été justes ou malfaisans. L'histoire enfin, qui est le domaine de tous les pays et de tous les âges, ne verra dans la croisade mémorable qui a armé tous les Souverains de l'Europe, pour abattre le colosse de pouvoir élevé au sein de toutes les factions, que le sentiment généreux manifesté en entrant sur le sol désolé de la France qu'ils trouvent livrée à toutes les dissentions, et dont ils ne voudront pas aggraver les destinées, ni attacher leur nom à sa ruine.

Sans doute une justice nationale est indispensablement nécessaire pour éloigner pour toujours les misérables auteurs de nos discordes civiles, ces hommes affreux qui calculaient le profit qu'ils en pouvaient tirer, ces chefs de parti qui ont dégradé toutes nos institutions et associé à leurs crimes une foule d'hommes faibles et incertains qui se sont aussi révoltés contre le trône de leur légitime Souverain.

Ne reportons plus, s'il est possible, nos regards sur tant de calamités qui pèsent sur la France.... La présence du Roi, en ranimant nos espérances, fera taire toutes les passions, calmera toutes les inquiétudes, arrêtera, par l'ascendant de la pureté de ses intentions, et par le génie conciliateur qui le distingue si éminemment, les irruptions que l'habitude et le besoin de perpétuer le désordre excitent journellement dans le cœur de ces hommes nés pour le malheur des Nations, de ces hommes qu'on voit figurer depuis vingt-cinq années au milieu de tous les troubles publics, et qui depuis vingt-cinq années empoisonnent les sources du bonheur des Français.

FIN.

IMPRIMERIE DE MIGNERET,
RUE DU DRAGON, F. S. G., N.° 20.

www.ingramcontent.com/pod-product-compliance
Lightning Source LLC
Chambersburg PA
CBHW071440200326
41520CB00014B/3775
* 9 7 8 2 0 1 3 0 0 9 7 4 4 *